智元微库
OPEN MIND

成 长 也 是 一 种 美 好

每个清晨醒来发现自己还活着，
我就会发自内心感到喜悦。

"我一生中都试着在我的作品里表现出一种宁静，
因为我自己就需要平静。"

亨利·马蒂斯（1869 年 12 月 31 日 — 1954 年 11 月 3 日），法国画家，野兽派的
创始人及主要代表人物。使用大胆的色彩、不拘的线条就是他的绘画风格。风
趣的结构、鲜明的色彩及轻松的主题使其成为现代艺术中最重要的人物之一。

静物 *Still Life* 亨利·马蒂斯

"我所企望的艺术是一种平衡、纯粹与宁静的艺术，艺术作品要像安乐椅一样，使人的心情获得安宁与慰藉。"

贝类静物 *Still Life with Shellfish* 亨利·马蒂斯

"创作的源泉不是仇恨，而是爱。"

菠萝静物 *Still Life with Pineapples* 亨利·马蒂斯 创作于 1940 年

"对于艺术，没有比画一朵玫瑰更困难，
因为他必须忘掉在他以前所画过的一切玫瑰，才能创造。"

和狗在一起 *Interior with a Dog* 亨利·马蒂斯 创作于 1934 年

"我们应该像研究树木、天空或思想一样，充满好奇心，开放地看待自己，因为我们和整个宇宙相连。"

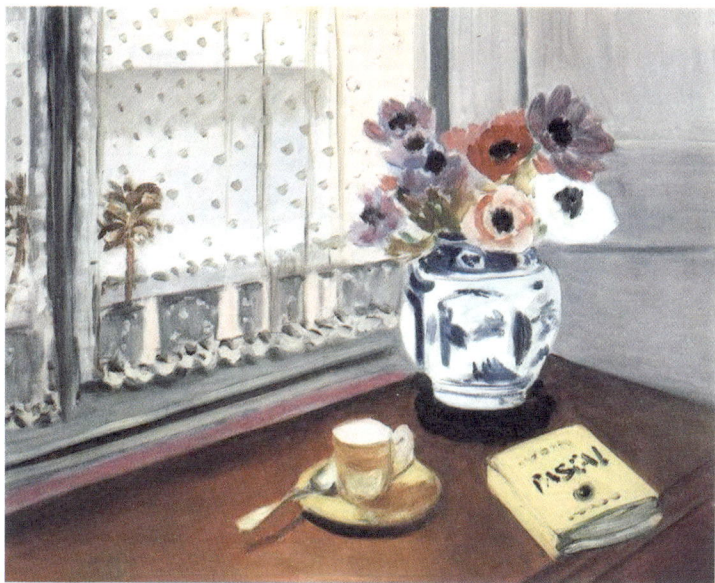

帕斯卡《思想录》*Pascal's Pensees* 亨利·马蒂斯 创作于 1924 年

"一个艺术家应该毕生都善于用儿童的眼睛观察世界。"

雏菊 *Daisies* 亨利·马蒂斯 创作于 1919 年

生きていくあなたへ
105歳どうしても遺したかった言葉

活好

再次爱上这个世界

〔日〕日野原重明 著

甘茜 译

人民邮电出版社
北京

图书在版编目（CIP）数据

活好：再次爱上这个世界／（日）日野原重明著；
甘茜译. -- 北京：人民邮电出版社，2022.2
ISBN 978-7-115-57926-3

Ⅰ. ①活… Ⅱ. ①日… ②甘… Ⅲ. ①人生哲学—通
俗读物 Ⅳ. ①B821-49

中国版本图书馆CIP数据核字（2021）第226878号

◆ 著　〔日〕日野原重明
　　译　甘　茜
　责任编辑　王铎霖
　责任印制　周昇亮
◆人民邮电出版社出版发行　　北京市丰台区成寿寺路11号
邮编 100164　电子邮件 315@ptpress.com.cn
网址 https://www.ptpress.com.cn
涿州市京南印刷厂印刷
◆开本：880×1230　1/32　　　　彩插：8
印张：5.75　　　　　　　　　2022 年 2 月第 1 版
字数：100 千字　　　　　　　2025 年 3 月河北第 13 次印刷
著作权合同登记号　图字：01-2018-3267 号

定　价：59.80 元
读者服务热线：（010）67630125　印装质量热线：（010）81055316
反盗版热线：（010）81055315

必须拥有自己的指南针，

带着它走下去。

活

你和百岁老人聊过天吗

好

小时候看武侠小说，产生一个错觉，就是人越老越厉害。每一个白胡子老头出场都显得高深莫测，令人敬仰。现在长大了才发现，年老真的不是一件好玩的事。我身边过了80岁的老人家，大多都已经开始糊涂、健忘、颤颤巍巍。一百岁时什么样？真的不敢想。但假如岁月善待，一个人可以在一百岁的时候不健忘，不糊涂，愿意和年轻人聊一聊他这百年来的见闻和感受，我想无论他说什么，我们都会认真琢磨吧！

　　我有幸在叶曼先生百岁高龄之后向她请教。叶曼先生很风趣，说她不想记得自己的年龄，但是做不到。因为每次聚会的时候就会有人拉着她对别人说，你猜她多大年纪啦？！……叶曼先生摇摇头笑着说："真是想不记得都不行啊！"

　　日野原重明先生在105岁的时候用采访的形式写下这本书。你没法要求一个百岁老人写书的时候要有科学性，要有逻辑和工具。这些东西在百年岁月的面前都太单薄、太肤浅。百岁老人发自肺腑的每一句话，都是生命酿造出来的原浆。不需要讲道理，乖乖听着就好了。有一句话触动了心弦，就是我们的福分。日野原重明先生说的话有很多和叶曼先生很像。让我怀疑能够活到100岁的人都具备同样的哲学和思维方式。比如他们都谈到对死亡的看法。叶曼先生说："我现在是时时可死，步步求生。"日野原重明先生说："单是被你问到这个问题我就已经怕得要命了！但我还是喜欢活着，而且每天都要活得更好！"在谈到亲人的离去时他们都说人老了以后往事会更加清晰地浮现在面前，离去的亲人以另外一种方式陪伴着我们。

在读这本书的时候，我的双眼常常湿润。因为作者和采访者所谈论的每一个话题都是我们这辈子一定会关心的话题。就算你鲜衣怒马的时候会忽略这些问题，但迟早，这些问题会想起你。问的人忧心忡忡，因为知道就算知道答案，面对这些问题也没有那么简单。答的人云淡风轻却句句都是要害。因为一位百岁老人，没理由浪费时间，没理由追名逐利，没理由故弄玄虚。去掉了这一切包袱，每句话就都显得弥足珍贵。

所以我恳请各位，用谦虚和感恩的态度面对这本书，去体会每一句话的含义。未必每句都能让你醍醐灌顶，但只要你愿意接受一位百岁老人的祝福，就总有一句话会让你怦然心动。

樊登

樊登读书创始人

2018 年 8 月 20 日

活

只要迈出第一步

好

首先，我想对日野原重明先生说一声"谢谢"。翻译这本书的过程就是他与我对话的过程。我常常会忍不住停下来陷入长时间的思索中，心潮澎湃，惊觉后发现自己竟已是泪眼蒙眬……

日野原重明先生是日本皇室家庭医师，是将健康检查带入日本、在日本提倡预防医学的第一人。这本书是他在临终前完成的，是他以105岁高龄恋恋不舍地离开人世前留下的，是他无论如何都想竭尽生命最后的力量传达给后人的话语。每读完一遍这本书，我对人生都有新的感悟。它真的是一本可以反复阅读，从而改变人们生活方式的佳作。

师范大学毕业后，我当了四年初中英语老师。婚后跟随爱人来到异国他乡，开始了没有父母在身边的人生打拼。有了孩子后，生活重点都放在了家庭上。现在孩子们慢慢长大，我的时间慢慢宽裕起来，想着应该发挥自己的长处，做些有意义的事情。这时正好有这样的机会，向大家推荐并翻译日野原重明先生的这本书。可是当机会摆在面前时，长期不用中文写作的担心、翻译时间是否充裕的顾虑，都曾让我裹足不前，险些放弃。

现在的我正处在自己"人生的午后"，这以后的漫长人生该如何有效利用，一直困扰着我。我庆幸自己终于下定决心开始翻译这本书，书里先生的话让我找到了正确的答案。日野原先生说："只要迈出第一步，看到的景色就会发生变化。只有行动才能打消不安。"在家人的理解和帮助下，我终于在2018年迈出了第一步；在其后全心翻译的两个多月时间里，我终于有机会邂逅了那个未知的自己。

日野原先生说："人这一生一定会遇到很多很多的困难。但是困难越大，越会发现那个了不起的自己……与苦难相比，得到的喜悦更多。"年轻时的我一定无法理解这些话，可是已过不惑之年的我，回头看看一路走来的艰辛和付出的努力，发自内心地感谢现在所拥有的一切。比起原来在父母身边那个娇生惯养的我，现在的我更坚强、更成熟、更有使命感，这一切都归功于自己这些年离开父母、离开熟悉的生活环境，在国外辛苦打拼的经历。

这本书刷新了我的很多认识，让我真正开始用日野原先生的观念去生活，这带来了非同凡响的效果。日野原先生说："开始一个新的爱好本身就是一件有意义的事情，从中你会有很多新的发现。"我从2017年4月开始了马拉松锻炼。起初遭到了周围亲人的强烈反对，因为他们觉得我从小体弱多病，上学时连最基本的800米长跑都不及格，为什么人到中年竟然打起了马拉松的主意？我每天坚持腿部肌肉的训练，从开始艰难地跑完 1 千米，到 2017 年8 月底成功地挑战了自己人生中第一次半程马拉松（21.0975 千米）。我在惊喜于自己身体的各项指标变好的同时，兴奋地发现了那个更有力量的自己。我的经历也激励了身边的很多朋友，因为大家觉得，连 800 米跑都不及格的我尚且能成功地挑战马拉松，何况是他们（此处可以幽默地配上爆笑声）。

日野原先生在谈到病危抢救时，那句"这样，即使到了你意识模糊的时候，身边人依然可以理解你，并在痛苦中帮你做出选择，让你最终心怀感谢地安然离开"，让目睹过亲人挣扎在生死线上的我，眼泪夺眶而出。

回想起好友的爸爸临终前全身插满了管子，我和妈妈看望后觉得非常难过，担心他会有意识，会很痛很痛。但是看到这段话，我释然了，他一定是怀着对亲人的感激之情安然去世的。我也想到公公病危时，在医生都犹豫是否应该对 80 岁的公公进行手术抢救的关键时刻，婆婆坚定地做出决定并对医生说："希望尽全力抢救，我们能接受任何后果，只会感激医生的帮助。"婆婆和家人的爱一定传达到了公公那里，让他死里逃生。公公现在居然奇迹般地康复了，身体一天比一天好，连医生都觉得不可思议。

日野原先生曾在与日本小学生交流时说："生命存在于我们能够支配的时间里……儿童时代的时间几乎全部用在了自己身上。等你们长大成人后，才有能力为他人、为社会贡献你们的时间。"这段话让我陷入深深的思考。如何让自己仅有一次的宝贵生命发挥出最大的价值，应该是我今后生活中永远思考的主题。一想到这里，我就会觉得热血澎湃，对未来的道路充满渴望和激情。

日野原先生对"真正的朋友"的诠释也让一直为此困惑的我恍然大悟：真正的朋友，是祝愿我一切都好的人；真心祝愿对方的人，才能真正把对方当作自己一样去牵挂。所以，在抱怨身边真正的朋友太少的同时，我们是否更应该反省一下自己：为身边的人真心祈福了吗？把对方当作自己一样去关心和牵挂了吗？

生气时自己的情绪首先占据上风。人们常常把心中理想的爱作为标准要求对方，这绝对不是爱对方。所谓爱，就是接受最真实的对方。如果不顾及对方，只考虑自己，那么即使有人爱着你，你也注意不到。当感觉到与对方的关系有点冷淡时，首先应该考虑是不是自己的原因，以及如何改善。这是日野原先生对自己的要求，我也希望今后以此来要求自己。对身边的人都怀有一颗柔软的心，把对方当作自己一样去爱护，才是真正的爱。

虽然一开始很难做到，但是我会坚持不懈地把它作为与人相处的准则，去习惯，去履行。我深信，那个更加美好、自信的我就站在不远处，朝我微笑着，挥手召唤着。

Keep on going！勇往直前！

带着喜悦和感谢，愿渴望得到改变的你能有机会看到这本书。活了105岁的日野原重明先生，语言平实简朴，而留给我们的思索却意蕴悠长。希望我能把他所给予的智慧带给你，让你在人生路上也能早日遇到更精彩的自己！

此书出版之际，适逢父母的金婚时节。我想，这本书会是他们最喜欢的礼物之一吧？感谢爸爸妈妈一直以来的呵护和支持，你们陪我长大，我陪你们慢慢变老。

甘茜

于日本群马县前桥家中

2018年3月3日

活

把语言当作拐杖

好

这一生我写作出版了很多书、做过不少演讲。写作和演讲时，我总是字斟句酌，力求言简意赅。

可是现在，我最想做的是：轻松地与所有人对话，我希望给能够来到我身边的人多留下一些话语。在生命所余不多的时间里，我感觉体力日渐枯竭，而这个想法愈发强烈。

所以，对读到这本书的每一个人来说，这是我和你进行的一次对话。

105 年的人生中，我依靠语言，探索生命，认识自己。[1]

就如语言支撑我的一生一样，我希望我说的话，能进入你内心深处，慰藉你曾困惑受伤的心灵。

此刻，客厅中煦暖的阳光洒落在我身上，我一边回味漫长人生中每个值得感恩的时刻，不由得心潮起伏，一边感觉自己正拄着语言的拐杖，走得步履蹒跚。

---

1. 作者在行医之余，还写作出版了二百余部著作，并发表了大量演讲。所以语言对作者而言意义非凡。

——译者注

目录

如何活出真实的自己？

要活出真实的自己，还有一点
非常重要：顺其自然，不要
勉强。

再次爱上这个世界

第一章

死亡并不是生命的结束

☆ 您怕死吗

不远的将来自己即将死去，一想到这样的事，就感到非常害怕。仅仅是被你问，我就紧张得两腿发软。因为疾病越来越重，自己的体能日益衰退，死亡的气息也就越来越逼近。我作为医生，对人总难免一死的事实也就有更深刻的体会。

正因为这样，每个清晨醒来发现自己还活着，我就会发自内心感到喜悦。

正因为活着，才能开始新的一天；正因为活着，才能有不期而至的邂逅。即使活到了105岁，对我来说，依然存在许多未知的自己，我无比兴奋地期待与未知的自己相遇。

一方面，为了减轻恐惧心理的折磨，我会故意视而不见、逃避事实，故意不去想"我之将死"这个事实；另一方面，死亡这件事对我来说是没有经历过的"未知"部分，我没有信心面对那一刻的到来，所以认定死亡是非常恐怖的一件事。

如果你和我一样，同样怀着对死亡的恐惧，那么你要知晓这是再正常不过的自然反应。大多数人在死亡面前都会惊慌失措，我们大可不必为此感到羞愧。

即便每个人"生的时刻"已经决定了"死的必然"，但因"讨厌死亡宁愿选择不出生"的人并不存在。

死和生是不可分割的，没有生就没有死，没有死就没有生。领悟其内涵，方知生和死本质是一样的。

既然我们无法摆脱死亡的定数，那就无须再逃避。我们完全没有必要一心只盯着死亡，或是假装对它视而不见、自欺欺人，而应努力让自己拥有的人生充满璀璨的阳光，好好体会死和生互为一体的生活。

无论如何，都不要让剩下的时间白白荒废，我要拼尽全力完成自己的使命。每天我都这样一边祈祷，一边努力生活。

☆ 死亡是怎么回事

死亡这件事，对很多人来说，就像蜥蜴的尾巴断了一样，意味着一切都结束了。作为医生，我目睹了很多人的死亡，我深刻地体会到：死亡不是生命的终止，而是生命另一种新的开始。

我妻子离世后，陆续又有一些亲朋离开了这个世界。虽然他们已经离开，但因为我常常忆起他们的音容笑貌，所以在我的记忆深处，他们似乎比在世时更为鲜活。

这让我明白，原来人死后并不会烟消云散，并不会从生者生命中彻底消失；相反，通过时时追忆，他们会以更为深刻的方式镌刻在我们的生命里。就比如现在，我觉得妻子从未离开，这种在一起的感觉在她离世后更加强烈。所以，死亡并不是如同蜥蜴断了尾巴那样的结束，而是现世生命的另一种延续，只是和以前生活方式不同，他们在我心里存在得更加清晰。

　　我面对自己的"死亡"也是同样的道理，到那个时刻，也许我会恐惧，但我并不认为死亡是生命的结束，我预感死亡将成为一种新生。经历过很多人的死亡，而此刻死亡又和我近在咫尺，也许只有到这个时候，人才会心生感悟。

　　作为医生，我活在世上一直帮助每个人，到新的世界里，我的工作起点，依然是继续帮助每个人。

　　当这些话发挥作用的时候，或许我已经不在这个世界了。但我希望，我虽死犹生，希望我留下的这些话能像一粒麦种一样，在人世间结出丰硕的成果。

如何度过一生最后时刻，取决于他如何面对自己的死亡。

☆ 您觉得幸福吗

　　我现在已经 105 岁了，今年（2017 年）秋天，我就要 106 岁了。虽然走过这么漫长的人生，但我从来不是以长寿为目标活到现在的。

　　其实我疾病缠身，每天在与各种疾病战斗，也达不到自己想要的健康状况，为此我一直感到苦恼。后来，终于到了不得不坐轮椅的时候，我尤其体会到了生活不能自理带来的各种不便。

　　尽管如此，我还是觉得长寿真是太好了，真是太棒了。长寿才让我有机会在 100 岁之后，开始了解内心那个真正的自己。

　　我终于意识到，原来漫漫人生中最不了解的竟然是自己，这需要上一定年纪后才会发现。

　　人生的"午后"该怎么度过？

　　选择衡量自己的标尺，应该以价值观作为首要考量。

必须拥有自己的指南针，带着它走下去。

一天当中，午后比上午的时间还要长。

这是我 80 岁时写下的人生感悟。就我自己而言，我一直在为寻找自己人生的指南针而活着。100岁后到现在，我才深刻体会到，"啊，我只探索了生命中的某一部分，很有意思的是，我其实对自己一知半解。"回想起来，我 80 岁的时候还真是可爱呢。

感觉这样说是对自己此生的一种否定。其实并不是这样，到了 105 岁的今天，我终于能够意识到未知自己的存在，这非常有价值。

人生的午后，时光悠长，这种感觉是幸福的。

人世间，有太多的事情，往往无法立刻看清，需要经过长时间的反复思考，真正的意义才能显现出来。

人生走到 100 岁的时候，很多人认为长寿是件可怕的事情吧？想到老人动作缓慢、反应迟缓，不少人对此感到害怕，心里排斥，认为这样的人生没什么价值可言。而且长寿的人是孤独的，甚至还会面临经济上的不安全感。人到了 100 岁，因为前面是未知的世界，对未知事物的恐惧心理是无法克服的。

可是，如果寿命足够长，我们就获得更多的时间来探索未知的自己。虽然一个人不可能彻底明白自己，可是越来越了解自己所带来的喜悦远远胜过年老体衰的痛苦。

就在和你对话的瞬间，我还会不停地感叹："啊，我居然会这样想。"

患者的喜悦就是我的喜悦，
患者的悲伤就是我的悲伤，
用从患者那里获得的钥匙，打开我们的心扉。

☆ 生命究竟是什么

　　但是，这个能量体到底存在于何处呢？

　　多年来，我以宣传生命尊严为己任，以"生命学习"为主题，与日本各地十几岁的孩子们进行交流。

　　我问孩子们："生命在哪里？"

　　孩子们有的指着心脏的地方，示意我生命所在；有的直接回答说"在大脑里"。

　　我们知道，心脏只不过是维持整个身体生存的某个类似于泵的重要脏器，而大脑也只是具有思考功能的器官而已。我对孩子们说："生命存在于我们能够支配的时间里。"

　　我想我会继续宣传这个理念。

　　我对孩子们说，你们现在每天要吃早餐、每天要来学校学习、时常和其他小朋友一起玩……你们做这些事儿是为了谁啊？都是为了你们自己。儿童时代的时间几乎全部用在了自己身上。等你们长大成人后，才会有能力为他人、为社会贡献你们的时间。

我还对孩子们说，等你们长大成人，你们一定会意识到这一点，尽可能地把时间用在那些需要帮助的人身上。

人有限的生命中，用于别人的时间多还是留给自己的时间多？算下来，那些把更多时间奉献他人的人，就能去往天堂哦！

如果这样说话，孩子们就会眨巴着眼睛，认真地听我说话。他们比成人更容易理解我说的话。

生命究竟是什么？

能真正理解到的，也许是孩子。

☆ 如何活出真实的自己

20 世纪 30 年代，我开始思索，作为医生，我该如何帮助更多人？带着这样的疑问，我开始了与自己的对话。然后我深刻地意识到，要以"真实的自己"活下去。

名誉、金钱、地位、他人的赞美，如果把这些看得太重，被这些外在东西禁锢的话，将无法向内审视，看到那个真实的自己。

活出真实的自己，不用在乎那些身外之物，也不被别人的任何评价左右。运用上天赋予的能力，积极利用现在所处的环境，去做那些自己应该做的事情。这看似艰难，究其实质，就是一种简单的生活方式。

即便这么说，但我仍在人与人之间生存，所以要想真实地活出自己，确实不轻松。在医生的世界里，大多数人奉行"权威主义"，在陷入"威权"中时，我也常常为"现在的我，还是真实的我吗"而烦恼。

要活出真实的自己，还有一点非常重要：

顺其自然，不要勉强。

很多时候我们太想做那个理想的自己，但由于环境和现实条件的制约，不能做到真实的自己，于是内心感到十分苦恼。

任何人都想做真实的自己，当理想无法实现的时候，我们会讨厌自己，甚至自暴自弃。我希望你不要这样，甚至当我们不被他人接受时，也要好好珍惜自己。

珍惜那个为了理想而努力活下去的自己、珍惜那个为了梦想而不懈奋斗的自己。同时也能接受逆境的考验，接受现实的考验，无论是通过自己的努力改变了的，还是即使努力了也不能改变的考验。一切都是上天的安排，我们要怀着这样的信念，在无法改变的现实中，活出真实的自己。

为了目标全力以赴地奋斗，与为了达成目标而不择手段、争强好胜，两种人生看似一样，其实有本质的区别。

人生在世，不可能随心所欲做任何想做的事情，无忧无虑地生活，是不太容易实现的。

本来我们就决定不了生命的起点，既选择不了时间，也决定不了环境。

为了发自内心地生活下去，不要在意别人的目光，首先要试着鼓起勇气行动起来。

希望你先试着开始明白：现在这样的你，活着就具有重大意义。

虽然死紧随着生，然而没有人能够在活着的时候设计出自己死亡时的场景，临终前自己最后的状态，无法事先决定。

☆ 如何看待疾病

人身上有一种不可思议的力量，病痛会让身体日渐衰弱，可是不久，生命会从衰弱中产生一种类似于种子般的强韧力量。我遇到过很多这样的患者。

现在我也身患疾病，在心里分析自己的状态，感觉病痛和身体的关系就好像相扑运动一般。

最初疾病和身体发生"猛烈碰撞"，然后二者就像土表台[1]上的两个选手，结结实实地扭打在一起、

1. 土表设在相扑会场中间，是一块离地约 1 米的泥沙方形场地。土表的圆圈是用稻草捆做的，周围用绘有特殊图案的米袋码实，米袋之间用草绳相系。土表上方挂吊着木制房形屋顶，下面没有柱子，视野很开阔。台下有一个空洞。比赛的前一天，人们在台下埋藏酒、栗子、面粉、大米、水果、盐等，以求平安。

——译者注

打成一团，互不相让，在决一胜负的过程中，疾病和身体产生了一种像纽带一样的关系。

于是我发现自己所斗争的，并不是疾病本身，而是想去实现的那个"理想中的我"。我遇见的众多患者都有这样的体会。

活着并且身体健康时，我们没有好好珍惜，时常有这样或那样的牢骚和不满……你没有这样的经历吗？

确实，人一生病，随之而来的是难以诉诸笔墨的痛苦。不过全然仰赖有如此切肤之痛，才能警醒一直无知妄为的自己，让自己对健康心生敬畏与感激。

如果现在你最爱的人生病了，那么请先告诉他，要感激疾病带来的内省的机会；而且，感受你们在一起时的喜悦，感谢你们在一起的那些时光，彼此依偎、互相鼓励，祈祷你们在一起的时间尽可能更长久。

可以想象一下，如果你处于患病的状态，你想听到的是什么样的话、你希望对方做哪些事，想清楚这些，才能更好地帮助患者。

我现在正处于人生最后、也是最大的相扑比赛中。

面对强大的疾病，我感觉身体已走投无路，但即使已经抓不回那个正一步步走向死亡的自己，我也要继续这场相扑般的殊死搏斗。

　　已经走过 105 年的人生，作为医生，我一边治病救人，一边正常生活，没把自己的身体当回事，现在，我终于有机会认真对待自己的身体了。

　　我从心底认可：疾病是上天的恩赐。

预知死亡，才能感悟活着的意义。

☆ 如何看待最后的延命治疗

现在医疗科技的进步和发展日新月异，是我年轻时不能想象的。得益于这样的进步、发展，原来许多不能拯救的生命得到了救治。

我所罹患过的结核病就是一个例子。以前很多人患上结核病就会失去生命，现代医疗技术的发展，维持生命的各种治疗方法已经突破绝症的禁区。我们通过各种医疗手段，可以长期维持"无意识生命体"的存在。

可是，每个人的生死观不同，关于接不接受延命治疗，做出的选择也就不一样。生命到底是什么，延命又意味着什么，这不可能和自己的生死观没有关系。有时候可以慢慢决定患者是否需要延命治疗，而有时候突然就面临着人生变故，需要当即做出判断。

这不是用简单方式就能回答的问题，对所有人来说没有绝对正确的答案。关于怎么活下去，人们会有各种各样的想法。

正如我之前谈到的，决定如何活只是漫长人生路上的一部分，如何使用自己的时间，除了取决于使用目的，更重要的是取决于活着如何使用时间的意义和价值。

所谓的"使命"，就是你如何使用生命。对我来说，实现使命就是活着的意义所在。一旦某一天我也面临着是否要延命治疗的选择的时候，我也不知道该怎么办。为什么这么说？因为那时的我不是此时此刻的我。不管此时的我曾经做过什么样的决定，我最终都会遵从上天的旨意，它将生命赋予我，我会感恩所有的结果。老实说，我只能这样回答。

不过，至少现在我认为，应该把自己对延命治疗的意愿预先告诉家人，让他们明白自己对最后延命治疗的态度。这样，如果那个时刻突如其来，而你可能处于失去判断力或无法表达意见的状态，就可以委托家人来处置。虽然，我知道这一定会让爱我的家人痛苦不堪。

所以，平时就应该和家人互相讨论关于生命的话题，这点非常重要。这样，即使到了你意识模糊的时候，身边人依然可以理解你并在痛苦中帮你做出选择，让你最终心怀感谢地安然离开。

如何向他人传递爱?

通过音乐和写作，我感受到了
把爱献给别人而使自己心灵得
到满足的幸福感。

再次爱上这个世界

第二章

关于爱

☆ 爱与被爱

　　从古至今，爱是人类永恒的主题。希望自己被爱是人之常情。人不能脱离关系而孤立存在，爱上一个人和被一个人所爱的幸福，这是只有人类才能拥有的独特感受吧。

　　那么，我们应该怎么做才能得到更多人的关爱呢？关于这个话题，我听过一个很感人的故事。

　　这是意大利著名女中音菲奥伦扎·科索托[1]永葆艺术青春的故事。科索托是一位非同一般的歌唱家，她的艺术生命一直延续到 75 岁。舞台上，她的喜怒

---

1. 意大利女中音歌唱家菲奥伦扎·科索托（Fiorenza Cossotto）是朱利埃塔·西苗纳托（Giulietta Simionato）最好的接班人。科索托继承了西苗纳托的全部剧目，成为当时的头牌女中音。

——译者注

哀乐总是与所扮演的角色融为一体，她用歌声带走了观众的心。这种表演方式是科索托长时间被观众喜爱的秘诀。

当几千人的目光注视着舞台，演员通过音乐演奏的配合，用歌喉展现魅力的时候，据说影响其发挥最大的障碍，是来自内心的担忧——担心自己不能被每位观众接受。

演唱中一旦开始担心，哪怕是怀疑几千名观众中有一位不喜欢自己，演员都有可能瞬间走神，进而失去信心，发挥失常。

突然有一天，敏感的她领悟了以下道理。

要赢得全体观众的喜爱，演员必须对到场的每个人发自内心地表示感谢。

所以，每当她踏上舞台，就在心中想象着，如何向在场的每一位观众传达"我爱你"的想法。她相信，通过意念一定可以把感恩之情传达给观众。

作为惯例，科索托一直保持着这种做法。正是演出时她和观众之间相互喜爱的交融，才使她的演出总能感动观众，她的艺术生命才能长盛不衰。

作为医生，我也一直在考虑如何向他人传递爱，最后通过音乐和写作，我感受到了把爱献给别人而使自己心灵得到满足的幸福感。

寻求被爱时，人们常常把自己心目中理想的爱作为标准去要求对方。这么做绝对不是真正的爱。所谓爱，就是接受最真实的他。如果不顾及对方，只考虑自己，那么即使有人爱着你，你也根本不会感受到。

　　当你愿意与一个人相处时，对方也会和你分享他的一些想法和感受。他所说的也许不符合你理想中的标准，而他也不像你所期望的那样完美，但你应当尝试鼓足勇气去接受对方。如果你接受了他本来的样子，接受了对方身上让你不喜欢甚至厌恶的地方，你一定会惊喜地发现他身上了不起的和美好的特质。

　　爱那个最真实的他，这样，你的一切也会被对方真挚地热爱着。

☆ 亲人离世怎么办

很遗憾，妻子在她93岁时先我一步去世了，这个与我相濡以沫、共同经历人生风雨的人，名叫静子。她一生安于清贫，行事严谨认真、品性清廉纯洁，被大家亲切地称为"田园调布街区的圣母玛利亚"。我一直以为她会永远陪着我，所以在她离开后，我倍感孤寂。

可另一方面，我现在愈发感到，她的一颦一笑，一举一动，似乎比之前她在世时更鲜活生动。

你也可以试着去体会这种不可思议的感觉。怀想离世的那个人，肉眼看不到的模样，脑海中却清晰印刻着，你会发现她的形象比活着的时候还要清晰深刻，这给我更大的力量去过好余下的日子。

我觉得妻子一直在我看不见的世界里，用一种特殊的方式告诉我事物的本质。

《小王子》是我非常喜欢的一部作品，其中有这样一段话："只有用心灵才能看清事物的本质，真正重要的东西是肉眼无法看见的。"

这句话意义深远，妻子的离世教会我：这世上存在一种看不见却能感知到的幸福。

我曾遭遇过日本历史上第一次劫机事件——"淀号"劫机事件[1]。还记得我平安归来时，我与妻子紧紧相拥，再也不想分开，那个瞬间到现在我都记忆犹新。

那时，我和妻子一边泪流满面，一边达成了一个共识——从此不能再仅仅为自己而活，要用余生回报他人。也是从那个时候开始，奉献的想法贯穿我的生命，我至今还在为此不懈地努力着。

把逝去的爱人一直放在心里，想象她的一举一动，仿佛能与她对话交流，慢慢你就会发现内心那个真实的自己。回忆生命中我们最爱的人曾经说过的话，能帮助我们找到真实的自己。

1. 日野原先生因为去参加日本内科治疗总会的会议，遭遇"淀号"（日本航空 351 班机）劫机事件。

——译者注

☆ 关于口不择言

到现在我还时常会发生这种口不择言的情况，每天发生这样不近人情的事情也让我不断反思。

举止得体、心怀感恩、话语关切……当我们内心冰冷坚硬时无法做到这些。其实与亲近的人相处，我们不能质疑对方的行为态度，而是要更多反省自己是否怀有一颗温暖柔软的心。

无论发生什么状况，先要问自己，我是否拥有一颗温暖柔软的心。我经常这样要求自己。

自己内心不柔软，说了伤人的话，还从对方的态度上找原因，这只会让相互的关系更加紧张。

自己先决心拥有一颗温暖柔软的心，每当感觉到与对方的关系变冷时，先考虑是不是自己的原因，从而加以改善。这样一来，就算有时候我们深爱的人说话带刺、发脾气，我们反而能发自内心地觉得他很搞笑。

这样，你就会成为一个待人接物真心和善的人。

所以，想压抑住自己不计后果的"怎么想就怎么说"的冲动，就首先从拥有一颗温暖柔软的心开始吧。

我每天都在反省，尝试着去做，让内心更加温暖柔软。

包容，需要拥有一颗爱心，不去责怪。

相信对方，耐心等候。

就像宽容自己内心偶尔的脆弱，慢慢才会变得勇往直前。

永远懂得理解他人，这样才能拥有一颗包容之心。

☆ 如何看待离别

我与妻子结为连理，长期共同生活在一起，最后因为妻子故去才不得不天人永隔。

人的一生总要经历各种别离，忍受分别带来的苦楚，这样的结局无法改变，即使觉得撕心裂肺，我们能做的也只有学会接受。

"金风玉露一相逢，便胜却人间无数。"可是，幸福感越强，离别所带来的痛苦也会越强。

正如"生死一体"，"离"和"合"同样不可分割。

因缘相遇，相遇所带来的美好生活，会让人铭心刻骨、念念不忘，这种难以割舍的情感因何产生，只有真正经历过的人才有答案吧。

相遇带来难以割舍的情感，它的本质究竟是什么？如果没有相处，就无法感受。

人世间如果没有"别离"，我们就无法体味"相遇"的意义，更无法感知相遇带来的喜悦。

没有别离，就没有相遇；因为不想感受分别的苦楚，所以有的人不愿意开始新的相遇。

但是，从来到这个世界的第一天开始，人就会有各种相遇。

有时我们肯定会这样想：既然相知相爱的人分开如此痛苦，还不如从来没有爱过。真的体味过离别的苦楚，会让人不敢再开始新的恋情，或者是对新的恋情心存恐惧。

人真是很脆弱的动物。

离别也真是让人感到无比悲哀的事情啊。

尽管如此，分别的日子到来，除了伤心，还应该体味一下"相遇的意义"，因为只有经历过离别，我们才能感知到相遇的意义。离别，注定存在于相遇中。离别的时候，心是安静的、悲伤的，它给我们机会再次感知遇见的真正意义。

经历过的悲欢离合，都带来难以割舍的情绪，我在不断寻找原因的过程中，终于有了一些感悟。

《小王子》里有这样的离别场景。

小王子因为后悔把珍爱的玫瑰花留在自己的星球上，决定返回。临行前，他对飞行员——他在地球上遇到的最重要的朋友，说："一旦你跟心中所牵挂的人有了约定，就要对其负责，永远地负责。"

　　"时间会缓和所有的悲伤，当你的悲哀被安抚以后，你就会因为认识过我而感到满足。"

☆ 家庭是什么

"家庭是什么"，如果你这样问我，我会说"家庭就是一起围着吃饭"。

家庭与是否有血缘关系无关。

能在一起吃饭，这本身就是一件了不起的事情啊！

我们不必像演肥皂剧那样——家庭成员笑容满面地围坐在摆满佳肴的餐桌旁，以为这才是理想的合家团聚。其实，一家人自然地围坐在一起吃饭，这本身就是作为家人才会有的幸福。

"如果你也想有一个温暖的家，那就一起吃顿饭吧。"感谢对方能在一起吃饭，感谢因此带给自己的喜悦，并与他分享这种感觉。这个世界上还有很多人，无论他们如何期待，可连与自己所爱的人一起吃餐饭的愿望都无法实现。

我和家人每餐都围坐在一起，他们关注我的喜好，关心我的身体状况，还有什么比这样的场景更令人开心的呢？正是因为每餐都围坐在一起，家人之间产生了一种纽带，彼此之间充满感激之情。

就是因为共同面对了生命中的风风雨雨、起起落落，我们才成为一家人，才有机会在一起吃饭。如果你这么去考虑，就一定会和我一样，能够拥有生命中真正意义上的家人。

想与某个人建立更加亲密的关系，不妨邀请对方"一起吃顿饭吧"。聚餐可以产生亲近感，这是我从家庭生活中学到的智慧。

☆ 如何看待朋友

虽然这一生中，我与不少人有过多次沟通交流，我也将这些相遇视为人生中的珍宝，但说起真正的朋友，我有的并不多。而且，老实说，我并不认为朋友多是好事情。

其实，生命中有一个真正的朋友已经足够。

很多人感觉自己朋友少，所以生活得寂寞无趣，但我认为这和朋友多寡无关，重要的是他们缺乏真正意义上的朋友，因而内心孤独。

那么，怎样才算是真正的朋友呢？

对我来说，真正的朋友是祝愿我一切都好的人。

能为他人祝愿，说明他挂记着对方，把对方当作自己一样去关爱。

无论彼此境遇如何变化，即使多年未见、即使多年没有联络，但依然会把你的事情当作他自己的事情，对你忍受的痛苦感同身受，为你真心祝愿。

如果有这样的朋友，不管遭遇怎样的人生，你心里也会觉得有力量。

那么，如何才能找到真正意义上的朋友呢？

我认为最重要的是你内心的感觉。如果遇到一个人，你心里觉得这个人会成为真正的朋友，那么相信这种感觉。

除此之外，还要与那个感觉会成为朋友的人花时间在一起，比如一起散步、聊天，时间长了，不知不觉你们之间就像是架起了一座桥梁，彼此受邀请进入了对方的生活舞台。

在那个舞台上，有时需要一起面对生命中的挑战，有时一起经历生命中里程碑式的事件。"度尽劫波兄弟在"，成为真正的朋友，我们需要有共同的经历，在面对人生困境时彼此扶助。

婚姻中的两个人也是如此，一起经历过生活跌宕起伏的两个人，会更加真心陪伴，真诚共度一生。

☆ 医生如何向患者传递关爱

"医学是一门不确定的科学和可能性的艺术"。

这是威廉·奥斯勒[1]说过的一句话。作为医生，我把这句话奉为一生的信仰。

古代医学几乎还谈不上是科学，那时候医生的主要工作是从心理层面安慰患者，尽力减轻疾病带给他们的痛苦。如何更好地安慰病人，这种技巧与音乐和绘画技艺有异曲同工之妙，因此，我们很容易理解"古代医学是一门艺术"的说法，我也非常认同这句话的含义。

音乐也好，绘画也罢，其中蕴含的技艺需要长

---

1. 威廉·奥斯勒（William Osler），加拿大医学家、教育家，被认为是现代医学之父。

——译者注

时间持续努力才能获得提升，娴熟的艺术技巧令人感叹，音乐和绘画等艺术形式也体现了人类的情感，不管是善良、悲伤还是爱，都会深深感染听到或看到这些艺术作品的人。医疗与此类似，虽然医学发展日新月异，但医学正如其他科学一样，并非无所不能，现代医疗面对很多疾病依然束手无策，无法将患者从疾病、伤痛中彻底解放。

对待尚无法治愈的病人，就应该把医学当作艺术，这样即使遇到医疗科学无法解决的疾病，仍然可以让病人不放弃希望。

医生应当发自内心地站在患者的角度考虑，问诊时做到面带微笑、讲话时能够语调温柔，握住并轻拍病人的手，认真听他们倾诉，并一直对患者保持这样的态度和做法。

我已经无数次地看到，医生只要能这样对待患者，就能大大减轻他们的疼痛和愁苦。

宫泽贤治在他的童话作品《大提琴手高修》中也讲述了这个道理。高修用大提琴的琴声治愈了田鼠的腹痛，所以附近的动物们肚子一疼，就会跑到高修家的地板下面，竖起耳朵倾听高修拉大提琴。而本来找不到拉琴感觉的高修也从田鼠、小狸猫、布谷鸟等小动物身上学到了更为精妙的大提琴演奏技巧。

这个故事告诉我们：医生和患者其实可以融为一体，医生可以给病人带来健康，而医患间良好的互动可以提高医生的医术。

宫泽贤治这段关于医疗行为的描写给了我巨大的启发。

音乐、绘画与出色的文学作品一样，可以鼓舞人心，而医疗作为一种艺术，也应该有能力去鼓舞人心。

我行医的五十多年都奉献给了圣路加国际医院[1]。鲁道夫·博灵·泰斯勒创建该医院时提出这样的理念："圣路加国际医院不是治疗疾病的场所，而是用爱疗愈患者痛苦的所在。"我一生谨记并珍藏这句

---

1. 圣路加国际医院在日本的医疗史上有着很多开创性的举措，也为日本整体的医疗发展起到了助推的作用。比如，它开设了日本第一所中央检验室，第一所卫校，第一所社区医疗事业部，第一家医疗机关管理室等；同时圣路加国际医院还是日本最早引用美式实习医生岗前教育培训制度和最早建立起私立医院体检中心的医院。

——译者注

话，坚持不懈地将这个理念贯彻落实到工作中。

医疗不仅仅是治病救人，医学还是一门不确定的科学和可能性的艺术。对于医生们，我希望我们能志同道合，都能成为精湛的艺术家。

在朋友的心中播撒希望和爱的种子，能化解一切烦恼。

☆ 生命是孤独的吗

事实上，生命本身无法单独依靠某一个人的力量创造出来。

以前，我经常在演唱会上担任指挥，但我不喜欢自上而下地挥动指挥棒、提醒大家"请跟上节奏"的指挥方式；我总是把指挥棒由下向上挥动，我想激发大家内心深处的感觉。我每次都怀着这样的心情指挥乐团。

指挥的时候，我最想实现的目标是，通过音乐，让演奏者与观众互动并融为一体。

曾经有个合唱团的表演非常精彩，带给了我这样的感受，令我终生难忘。

还记得，当时看到合唱团指挥时，我不由得惊讶。一般情况下，指挥都会和合唱团一同站在舞台上，而那个指挥却离开了舞台，他走进观众席进行指挥，结果把观众完完全全带入了合唱氛围里，当时整个现场，台上、台下互为一体，彼此交融，场面令人十分感动。

见识过指挥进入观众席、调动起所有人情绪的独特技巧后，我立刻把这种技巧融入了自己的表演中，从此开始站在观众席间指挥。

现场的一体感确实是一种非常特殊、奇妙的体验，台上台下没有隔阂、亲密无间，共同感受着表演带来的一切感觉。

在场的老老小小全部被调动起来，一起感受着这种奇妙的艺术氛围，一起期待着这样的感觉能够持续更长一点时间。

现场每个人感觉彼此相连，就像制作念珠一样。正如"穿珠成串"所说的那样，每个人虽然都不同，但是共同的体验就像一根绳子，串联起大家的心意，就彼此关联在一起了。

☆ 世界和平能实现吗

但是，我却坚信这个目标一定会成为现实。

在我真正的好朋友中有一个年轻人，他是韩国著名的男高音，名字叫裴宰彻[1]。

他曾令人瞩目地活跃于欧洲各大舞台，当时被誉为亚洲美音史上最好的男高音歌唱家。就在他即将登上音乐事业的巅峰时，突然被诊断为甲状腺癌，并且已经影响到声带。为治愈癌症，他必须接受手

1. 在裴宰彻失去声音期间，欧美医生们对其病情束手无策。欧洲经纪人也断定他的演唱生涯已然结束而解约。唯独日本经纪人轮峠东太郎不离不弃，还为他寻访到日本名医一色信彦。当时一色信彦已经77岁了，此前长达10年未给人开刀做手术，被他们打动而"重出江湖"，执刀为裴宰彻成功重建声带。电影《抒情男高音》讲述了这个传奇故事和这段珍贵的友谊。

——译者注

术，切断声带和膈膜之间的神经，结果他几乎失声。

对一名歌唱家来说，失去声音也许比失去生命更令人痛苦。裴宰彻面临着事业的中断和荣誉的丧失，以及随之而来的经济上的困顿。

以前围绕在他身边的人渐渐离他远去，此时一位日本年轻人却一直关注他、支持他。这位年轻人是一位经纪人，他建议当时已不可能重返舞台的裴先生到日本接受治疗，而这个手术由我的母校京都大学医学部的名誉教授一色信彦先生执刀。

一色信彦凭借高超的医术，成功完成了世界上第一例重建声带手术。裴宰彻实现了重返舞台的梦想。

当时不少人劝一色医生，"如果裴先生手术失败，那您到现在为止建立起来的名誉将受到损害，您不应该答应主刀这次风险极大的手术。"但一色医生却在反对声中下定决心，"即使名誉受损，也不能放弃这位已经坠入痛苦的病人"，他勇敢地选择挑战这例成功率极低的手术。

作为同在医疗战线的医生，我发自内心地敬佩一色医生的大智大勇。

第一次听到裴宰彻的歌声是我 102 岁时。我从小喜欢音乐，不仅可以作词作曲，还与学生时代的朋友组建了三重唱和四重唱组合，音乐所带给我的感动一直让我无法忘怀。

历经磨难，重返舞台的裴宰彻，拥有用任何语言都无法描述的歌声魅力，他的歌声充满悲悯的沧桑感，像是一种以歌声形式发出的祈祷。他的歌声既是日韩友谊的二重奏，同时也是医学和艺术的二重奏。

裴宰彻的歌声中饱含着许多人的祝愿和祈祷，正因为这些支撑着他，才有他从无法发声到重返舞台的奇迹发生。

通过这个真实的故事，我相信世界和平终能实现。

人与人之间的纽带可以超越国与国之间的界限。

在另一个国家里，哪怕只有一个人像家人一样关爱你，就已经足够。因为存在这个人，后续人们会一个又一个不断地加入。如此循环下去，当更多的人不断加入，我坚信国与国之间的和平就一定能实现。

裴宰彻和我一起在日本举办"日野原重明制作·裴宰彻音乐会"巡回演出。每次演出的现场，观众都会被深深感动，他们会泪流满面，一齐起身站立，让音乐会变成一场和平聚会。

每当脑海中浮现那个场景，我就更加确信世界和平一定能实现。

☆ 爱到底是什么

没有爱，人是无法生存的。所以我相信，能够互相给予爱的社会，一定会充满温暖和幸福。因着这个想法，我专门创作了一首歌。

九十多岁的时候，我创作了这首《爱之歌》，供志愿者合唱团演出时演唱，他们常年在收容所演出，这首歌成为在那里去世的人生命中最后听到的歌。

我很喜欢的韩国男高音裴宰彻先生，用他富有感染力的歌声把这首《爱之歌》录制成 CD，让更多的人可以听到。大家或许能从歌词中感受到我对爱的理解。

爱之歌

作词·作曲：日野原重明

我们在这里齐心协力，

为了美好，奉献时光。

紧握双手，传递关爱，

撒播慈爱，充盈于心。

我们在这里齐心协力，

不求回报，献身而行，

手捧喜悦，满溢于心。

我所爱的你，请接受我的爱，

请接受我的爱。

把自己喜欢的分享给大家，并为此不懈努力，这就是爱。

宽恕的本质是什么？

"恕"并非宽容或者谅解犯错的人，而是说要有"如他人之心"。

再次爱上这个世界

— 第三章 —

宽恕很难做到

☆ 宽恕别人

每到需要去宽恕一位自己很难原谅的人时，我就会有一种深切的无力感。

提到"宽恕"，我的脑海中常常浮现出"恕"这个汉字，它不是人们经常说的"饶恕"或"赦免"。从"恕"字中，能体会到宽恕最本质的含义。

"恕"从字面上看，下面是"心"，"心"上面是一个"如"字，"恕"并非宽容或者谅解犯错的人，而是说要有"如他人之心"，即应换位思考，设身处地、感同身受地为对方考虑。

从对方的角度去想问题，就能实现宽恕。事实上，宽恕别人也是在宽恕自己。学会宽恕，不光有利他人，也是为了自己好。

没有宽容、谅解之心，会让自己深陷负面情绪，身心疲惫甚至心力交瘁；反之，如果能够宽恕别人，则会让自己生活得更轻松、愉悦。

即使这样想，生活中还是会出现"一些无法被原谅的人"，对他们既往不咎，完全放下，真的很难做到。

在漫长的人生道路上，我们经常碰到"无论如何我不能接受这件事""我绝不能原谅这个人"的情形。

我在遭遇"淀号"劫机事件时，有过类似经历，那一年我58岁。

那时，劫机者把我们当作人质，要求飞机朝他们指定的目的地飞行。在飞行过程中，一位劫机者说："离目的地还有一段距离，有人要看书吗？"

乘客没有人举手，只有我要了一本《卡拉马佐夫兄弟》。

虽然曾经读过这本书，但我还是又在机舱里看了起来。

在那个时候，飞机上的每个人都有可能失去生命，我怎么可能去宽恕劫机者。在那样恐怖和痛苦的氛围中，我无论如何做不到原谅，但我也想尽一切努力去理解他们。很多年过去了，现在的我对那些劫机者仍然无法宽恕。

正是因为想理解他们，所以当时的我试着去读他们看过的《卡拉马佐夫兄弟》。

至今我对《卡拉马佐夫兄弟》这本小说的思想，仍然有无法理解的困惑。

我如何才能宽容原谅他们呢？

空闲时，我经常这么问自己。

在离世之前，我还想再读一遍《卡拉马佐夫兄弟》，也许那个时候，我能领悟出宽恕的真正含义，我近来一直这么想。

从不记得对他人的伤害，
时时计较身受过的委屈。
人类真是愚妄，从不懂得宽恕。

☆ 告别过去，实现重生

试着想象自己可以再活一遍，是一件很快乐的事情。

我也一样，如果生命之旅可以重新开始，我想成为一名歌手。

可是，"重生"真正的含义，不是再一次出生，而是说我们一边继续现在的人生，一边经历脱胎换骨的新生。

为了重生，必须经历一次死亡。

但这种死亡，不是指肉体上的死亡。

我对此恍然大悟的一瞬间，就是我从"淀号"飞机上被解救，再次踏上地面、感到重生的那一刻。

被劫机犯当作人质的 4 天，是我人生中最漫长的 4 天。

我一辈子也忘不了走下飞机舷梯、踏上地面时的感觉。我与妻子相拥而泣，两人下定决心："生命已经不再只属于我们，从此不能再仅仅为自己而活，要用余生回报他人。"

我在那个时刻觉得自己已经死过一次。过去的那个"我"死去了，取而代之的是脱胎换骨后新生的我。

舍弃自己，也就是和过去那个"我"告别。在这个意义上，因为经历了劫机事件，我获得了重生。

从那天起到现在，我一直坚持不懈地奉献自己，上天赐予我新生，我将其奉献他人。

不幸之中也有美好希望，
贫困之时也可分享仅有。

☆　终止霸凌

霸凌是一种暴力，是不尊重生命的行为。

我们遇到事情要换位思考，像关心自己一样去关爱对方，如果做不到这样，不仅仅是孩子之间，甚至大人之间、国家之间都会出现霸凌的情况。

在这里，我想介绍一首诗，摘自我 2016 年出版的《不报复》诗画集。

肉眼看不到生命，
但能感知它的存在。
你也能感知，
属于自己的生命，
生命是自己拥有的时间。
在你们十岁时就已经说过吧，
珍惜生命，
好好利用时间。

你们的时间，

小时候要充分利用，增长能力，

长大要回报在他人的身上。

霸凌就是伤害生命的行为，

剥夺朋友所拥有的时间，

赶快，停止霸凌吧！

万一，

遇上霸凌的是你，

停止用力对打，

停止张嘴对骂，

默默地忍耐着，告诉他，

我，不报复。

一起跑向操场，

去踢足球，

让对方的时间，

和你的时间重合一致，

让你们的生命一起充满激情。

　　对于肩负着未来重任的孩子们，我有责任让他们真正理解"珍惜时间，生命可贵"的意义。

☆ 与不喜欢自己的人共处

非常幸运，很多人关爱我、珍视我，我的内心充满了幸福感，也因此万分感谢大家这份珍贵的感情。人们经常会问我："先生，周围有这么多人喜欢您，您是不是就能远离那些不喜欢自己的人？"当然不是。在形形色色的人际关系中，没有人可以完全隔绝对自己抱有敌意的人。而且，即使躲得开，我也不会那么做。

我做医生的那些年，遇到过很多患者，他们告诉我得了病以后才意识到什么是生命中最在意的东西。与当初自己最讨厌的事物在一起磨合久了，居然能让自己发现生命中最珍惜的东西。人际关系不也可以借鉴学习吗？

不被人理解已经很痛苦了，如果再进一步被嫌弃，很容易让人陷入一种"为什么我这么糟糕"的情绪里。

其实尝试和不好相处的人交往，我们可能会得到一些启发。

每到这种时候，我就对自己说：活了100多岁，我对真正的自己都还没完全搞清楚，别人不理解我很自然啊。

这么去想的时候，我会变得轻松愉快起来。然后就可以思考为了让对方理解我，我该做些什么。这时很容易怀着一种接受对方的心态，让大家继续相处下去。

相处过程中，我会不断对内心真正的自己有新发现、新认识。相反，如果认为对方不好相处，就回避对方、避免接触，那么也就错过认识自我的机会了。

我深刻体悟到，那些让自己不开心的人际关系中，反而蕴藏着可以丰富我们人生经历的启示。

☆ 怎么看待依赖关系

依赖有两种，你说的过度依赖，是不是这种丧失了自我而依赖别人的做法呢？

想要过度依赖别人的时候，有必要思考一下内心的那个"自我"。

这个"自我"就是有自己主张的生活方式，简单地说，就是非常自信，确定自己想朝着什么方向生活下去。

遗憾的是，与外国人相比，日本人普遍缺乏自我。这大概与信仰有关。

是否有自我是生活方式的问题，与经济上是否独立无关。有些人即使寄人篱下，没有生活费，也能坚持自我。就比如现在坐在轮椅上的我，在生活起居都需要别人照顾的状态下，我依然能做到坚持自我。

第二种依赖说的是那种坚持自我、拼命努力

的人，在遇到确实无法解决的困难时，他们信赖比自己更强大的人，把自己确实无能为力的困难托付出去，然后以一种"绝对信任"的态度等待最后的结果。

因为有能力，所以被依赖。正因为有依赖自己的人存在，我们才努力让自己可以肩负更大的挑战，人生才变得更加有价值。

对我来说，能让我依赖的朋友，就好像是我的家人。

离别的痛苦，很快会变成思念的柔情。

☆ 如何与年轻人共处

如果问我最希望得到什么人的肯定，我的答案是"年轻人"。

"看到您努力的样子，我们觉得应该更加努力""感谢您所做的一切，让我们觉得现在非常幸福"，听到这些来自年轻人的话，我会由衷地喜悦，希望自己加倍努力，成为年轻人的人生导师，给予他们更多的勇气。

这些年轻人和我有着八十多岁的年龄差，和他们沟通交流，让我感受到了很多新鲜有趣的刺激，学到了许许多多的东西。而出乎意料的是，他们竟然对我这一代人的想法也非常感兴趣。

和年轻人相处时，我很在意我们接触的方式方法，使用什么样的语气、摆出什么样的表情、用什么样的说话态度、给人什么印象等，这些可统称为"接触感"。如果你对年轻人居高临下，唠叨说教，他们就不愿意和你继续交流。

我们应该带着亲近温和的接触感，让年轻人产生"想更多地感受到你的帮助"的心情，这样自然会与他们形成良好的关系。

"现在的年轻人不怎么样"，在很多时候都能听到这种论调，我觉得这是一种以自我为标尺的言论。我们完全可以转换思维，我们确实年长，人生阅历更加丰富，所以我们更应该主动接近年轻人。年轻人和我们谈话时会害羞或者词不达意，但他们年老后一样会变得自信和健谈，年龄的增长可以教会年轻人很多东西。

还有很重要的一点：我们往往只尊敬位高权重的上级或比我们年长的前辈，而对年轻的后辈、亲密的家人以及弱者，往往缺乏应有的尊重。

尊重他人是一种良好的修为，总是感同身受为别人着想，我觉得这和年龄、职务无关。

我也是随着年龄的增长才有这样的体会，做到很好地与所有人相处真的很难。

当感觉关系不太融洽、交流不下去时，我会反思：是不是与对方接触过程中哪个地方做得不好，让他感到了冷冰冰的隔阂感？

曾听说我非常敬重的威廉·奥斯勒医生的一个

故事。他的病房有个女孩身患白血病，每次他进病房前，都会在医院的庭院里剪下一朵玫瑰花，他想让女孩看到玫瑰花，感知到他的关心和鼓励。

凭着这朵玫瑰花，女孩眼里的奥斯勒先生不再只是来给自己看病的一位老医生，而是带给她活下去的勇气和信心的骑士。奥斯勒医生能进行超越年龄、直通心灵的交流，对此，我由衷感到敬佩。

奇迹会光顾哪些人呢？

奇迹，属于那些有精神追求并
确信的人。
我学到的是"像发生过奇迹
的那些人一样，坚守精神的
追求"。

再次爱上这个世界

第四章

不易化解的困难

☆ 面对突发的丧亲之痛

　　一遇到这种超乎想象的变故，我们内心会问，"为什么是我遇到这种飞来横祸？"

　　我们会为此深陷自责之中，甚至认为也许这辈子自己再也笑不出来了。其实人类天生就具有这样的一种特殊能力，就是随着时间的推移，最终会遗忘一切悲痛的能力。看到美丽的花朵，听到美妙的音乐，想到美好的事物，我们依然会觉得"活着真好"。也许此刻的你感觉悲伤，但再次感觉美好的那个瞬间一定会出现，请你相信并耐心等待这个时刻的到来。

　　我非常喜欢《花儿会开》这首歌，它让我相信，总有一天花儿还会绽放。正是这首歌，温柔地教会我如何在痛苦时静心等待。

花儿会开

作词：岩井俊二　作曲：菅野洋子

晶莹的铺满大雪的路上，

透露着春天的香气。

我想起了那座让我怀念的城市，

曾想要实现的梦想，曾想要改变的自己。

如今却只是想起，我思念的人。

听到了吗？谁在唱歌，在鼓励着谁。

看到了吗？谁的笑脸，在悲伤的另一边。

花啊，花啊，花会绽放，为了不久将重生的你。

花啊，花啊，花会绽放，我又留下了什么呢？

夜空的另一边，

散发着清晨的气息。

我想起了那些让人怀念的日子。

受到伤害，也伤害别人，没有回报，所以哭泣。

如今却只是思念，所爱的那个人。

看到了吗？谁的思念，我和谁，彼此相连。

看到了吗？谁的未来，在悲伤的另一边。

花啊，花啊，花会绽放，为了即将重生的你。

花啊，花啊，花会绽放，我又留下了什么呢？

花啊，花啊，花会绽放，为了即将重生的你。

花啊，花啊，花会绽放，我又留下了什么呢？

花啊，花啊，花会绽放，为了即将重生的你。

花啊，花啊，花会绽放，为了即将恋爱的你。

　　一片土地无论历经何种蹂躏，即使人们认为它再也不可恢复，但终有一天，花儿会重新绽放在这片土地上。现在的你，也许不能体会这种感觉，没有关系，我曾经也和你一样无法理解。

　　耐心等待这一天，你会发现，因为相信，所以看见。

☆ 最悲伤的事情

没有考取医学部的升学班，我悔恨交加……整整一个晚上默默流泪，一直到哭到了第二天早上，枕头都湿透了。

实际上是放榜时不知哪里出了错，事实上我成绩合格并被录取。第二天，当得知新结果时，我喜出望外，这是我这辈子最开心的时刻。

这样的经历，让我懂得了一件事。

伤心和喜悦，就像钱币的正反面一样，紧密连在一起。

一晚上不停地流泪，让我深深地意识到自己想进医学部的心情是多么迫切。

夜晚的天色越晦暗，早晨的光线就越耀眼。

冬天的天气越凄冷，春日的暖阳就越明媚。

人这一生，让人悲痛欲绝、不能如愿以偿的情况很多，总体来看，它们远多于让自己开心快乐的时刻。

想哭就痛快淋漓大哭一场，哭着哭着，你会发现自己有能力面对心中的悔恨和悲伤，你会发现前面一定有美好在等待着你。

真正哭过，才会理解别人的苦。靠近受伤的人时，我们可以对他说一些鼓励的话，会感到慈爱之心油然而生。温柔待人的人也一定会被温柔以待。

人生最令人痛苦的经历会在心中一直占据重要位置，落选这事至今还在心底向我微笑。

☆ 运气可以改变吗

其实，人这一生中会面对很多困难，即使那些被认为运气好的人也难免有各种艰辛或苦恼。

这世上不存在完全无忧无虑的人。

我一直在思考，我们是不是可以用"机会"替代"运气"这个词？就像我们看富士山，如果乘坐新干线，到了静冈附近就能看到富士山的雄伟，但并不是每次都能如愿，因为即使是晴天，富士山也可能被云雾遮挡，而且如果你恰好是晚上乘车路过，那也完全看不到富士山的美妙。这告诉我们，即使在日本排名第一的高山也有不总是能被人看到的时候啊。

可是就算看不到，富士山依然矗立在那里。

可能你下次再去看，有可能还是看不到，你不死心再去，结果依然不能如愿。一次又一次错过，到后来在不知不觉中，你放弃了这个愿望，以至于你已经到了富士山脚下却睡着了，再次与富士山失之交臂，最后发现一辈子就这样过去了。

即使无法亲眼见到，但相信富士山就矗立在那里。这样去想的思维方式才会让运气好起来。

仔细想想，运气或者机会用肉眼无法看到，但我们如果确信自己被爱、被珍视，生活中所有的困难都是为了让自己更好地成长，那在我们度过艰难时刻之后，一定会获得生命丰厚的回报。

听说世界大富豪中99％的人都有过破产的经历。我不知道这个说法的真假，但这句话我觉得非常有意思。

把愿望分成几块，
实现愿望，先从最小的那块开始吧！

☆ 奇迹的发生

那么，奇迹究竟会光顾哪些人呢？

如果我们能明白其中的道理，我相信，任何人都能创造奇迹。

仔细研究那些曾经创造奇迹的人，我们会发现，无论他们处于什么时代，都有个共同特点，就是有"确信"的意念，并且是坚定地确信。这可以说是一种信仰。

信仰是认识到生命中总有一些事情是自己的力量无法企及的，是相信世界上总有比自己本身需要更高的精神追求，因此舍弃、放下内心的执念，拥有一颗平常心。

奇迹，属于那些有精神追求并确信的人。

舍弃执念，即舍弃过去陈旧的那个自我，实质上是内在的一种重生。

我们常常无法解释的奇迹，就发生在这些经历过脱胎换骨般重生的人身上。对此，我学到的是"像发生过奇迹的那些人一样，坚守精神的追求"。

活着是靠机缘巧合，还是命中注定？
无人能够看透，人间这部剧本。

☆ 当遭遇反对时

在日本，我创建了首家完全独立型疗养院，最早引进了健康检查项目，并在圣路加国际医院完成实施。

确实，这样的项目对当时日本医疗界来说，是一次全新的医疗改革。

这些成绩源于我在美国医院的那段研修经历，那些日子成为我人生的重要转折点。

美国医生教育体系非常先进，能大大增强美国医生的工作意识，他们每个人几乎都能独当一面。除此之外，美国还具有完善的团队医疗系统，这些都让我切身感受到在日本无法体会的医疗现场的紧张与规范。对我而言在美国的学习是一次脱胎换骨的经历。

当时的日本，海外留学是一件非常难实现的事。我非常幸运地获得了奖学金，实现了在美国研修的梦想，遗憾的是研修时间仅有短短一年。你们幸运地生活在现在的时代，我希望大家能经常去国外学习、增长见识。

我当时 39 岁，决心把在美国学习到的宝贵经验带回日本，回国后，我将此作为自己的奋斗目标。当时是浮舟邦彦先生与我共同走过了那个艰难的阶段，他现在在大阪经营交响乐音乐厅，并担任滋庆学园（日本最大的职业教育集团）理事长。

我们俩在医疗改革的过程中达成了共识，除系统地提高日本医生的水平外，帮助医生处理事务工作的助手们的水平也必须提高，否则无法建立团队医疗体系。

在与浮舟先生二十多年的工作交往中，我偶然发现我们都喜爱古典音乐，并且都是男高音裴宰彻先生的忠实粉丝。对于这样的缘分，我们深感惊讶。而人与人之间的关系可能会引发不可思议的事情。

"患者和未来医疗"是我在实施各种改革措施时的主要原则。但是，在任何新兴事物发展初期，都会遭遇反对声音，这些措施也不例外。

有趣的是，持有否定意见的人几乎都是我的同行，他们也是医生。他们认为日本与美国的环境不同，这些改革在日本无法实现。

圣路加国际医院在改建的时候也遭遇了反对，当时反对者看到医院宽敞的走廊时，"日野原先生真是喜欢奢侈啊，设置这样宽敞的走廊到底是为了什么"，诸如此类的非议很多。1995年，发生了让人们永生难忘的地铁站沙林毒气事件，离现场很近的圣路加国际医院出现了战场般的拥挤场面。

被批评为"奢侈"的走廊上，配备了让每个患者都能单独吸入氧气的医疗设施。正因为走廊足够宽，医院才有能力一下子接纳600多位挣扎在生死线上的病人。

这次事故让大家明白了，一旦发生战争，医疗现场会是什么样子。我去美国研修时积累的经验，成为应付这次事故的关键。

也可以听听我父亲的故事，我的父亲也有过和我类似的经历。

父亲年轻时，曾经作为牧师在美国生活过一段时间。在美国的大学，父亲深感校园的良好环境对于学生学习的重要性，年轻学子们置身于良好的环境，无形的力量似乎能打开他们求知欲的大门。回国后，父亲在广岛女子学院担任校长，被美国大学氛围感动的他，梦想着在日本也建造一所美国式的大学。

为了实现梦想，必须购置土地、推行改革，当时的教育系统对此无法接受，这些措施遭到了强烈的非议。甚至有人针对购买土地这一问题质疑父亲是为了个人私欲，并对此大做文章批评他。

"无论身处何等困境，你们的父亲不会做那样的事。"母亲从内心对父亲充满尊敬和爱慕，她和父亲一起伤心地离开了广岛，来到我身边生活。

被称为"叛徒""大罪人"而不得不离开的父亲，当时内心是怎么想的呢？几十年后，为了感谢父亲对广岛女子学院的贡献，学院里放置了父亲的铜像。我想，父亲在天国如果能看到，会是一种什么样的心情？他一定会很欣慰吧。

即使不被当时的人们理解，真正有价值的东西、真正美好的东西，一定能跟得上时代步伐，经得起历史评判。

我认为真正有价值的东西可以超越任何"限制"，即使当时不被接受，也一定不要受此影响、感到困惑，要相信真正的价值终有一天会得到认可。

当挑战没有人做过的事情时，你要不停地问自己："为什么要这样做呢？"

也许你心中有一种强烈的"想做"的意愿，这时候就要仔细去想为什么要去做，这点非常重要。

我想转述稻盛和夫先生在国际医疗学会上演讲时说的话，他目前担任京瓷名誉董事长，职业生涯中曾多次迎接挑战。

稻盛和夫先生27岁时创办京都陶瓷株式会社（现名"京瓷"），52岁时创办第二电信（原名DDI，现名KDDI，目前在日本为仅次于NTT的第二大通信公司），后来又重振已经宣布破产的日本航空公司，他是一位"不走寻常路"的人。

那时候，他常常问自己的一句话是，做到"动机至善，私心了无"了吗？

当时NTT垄断着日本的通信业，稻盛和夫先生想进入这个行业，他反复地问自己这个问题，花了两年时间才找到答案，于是决定朝着这个方向努力。为了践行自己了无私心的信条，他宣布不持有KDDI任何股份。经过多年发展，KDDI成了全日本第二大电信公司。

更为重要的是……

开始引入新生事物时，难免不被他人理解，有时还会遭受强烈反对，这时候一定要想起"向远看"这句话。

我很敬重的一位禅学大师曾经和我说，即使遭到别人的反对，也不要气馁，而是向远看，然后用

"我是这样考虑的"商量语气，把自己的想法告诉对方。

我们要"向远看"、向他人做"解释"，然后不断"重复"我们的观点。

这就是我们运用意志力、付诸行动的必要过程。

如果没有反对的声音就不存在什么挑战，正因为有人反对，我们才有机会应对挑战。我们必须经常反问"为什么要这样做""为了谁我要面对这样的挑战"？如果有必要，要不断地反问自己。

当然我们这样想、这样做的时候，一定会有身处逆境的时候。我就是这样走到了今天。

永怀希望，耐心期待，困难终将被战胜。

☆ 培养孩子

每到这个时候，母亲就会笑着说："这孩子长大了是会成为了不起的人，还是变成一个大无赖呢？"

我个性争强好胜、不服输，在学校不是优等生，身体也不健康。现在回想起来，我真是一个常常给妈妈带来麻烦的孩子。妈妈总是为我操心，应该很辛苦吧。

我这一生最感谢母亲的是，她一直相信"重明是不用管就会自觉学习的孩子"，她对我一直采取放任自由的态度。

这里说的放任自由，不是不关心，爱的反义词是不关心，母亲对我的放任自由是对我的全然信任，她在耐心等待我长大成熟的那一天。

我的母亲，她从来没有主动向我灌输过什么知识，所以我从小就可以全心投入自己的爱好和感兴趣的事物中，反而更加勤勉好学。

有件事至今令我难以忘怀。我个性不服输，当大我不多的姐姐开始认字时，我对自己还没学认字感到非常生气。有一次，我在地上写下平假名的"ろ"字，然后问："妈妈，这个怎么念。"妈妈看着我，对我说："等着重明长大了自己学吧。"我永远怀念那个信任我、等待我长大的妈妈。

母亲爱自己的孩子，所以对孩子总是充满期待，总是"希望他变成这样或那样"。

做妈妈的如果常说"去做这个""那个不行"去强制孩子，表面上看似在保护孩子，实际上却有可能适得其反。

如果家长总是强迫孩子遵从自己的意愿，无形中也会把自己的价值观强加给孩子。

有些家长认为孩子还小，什么也做不了。其实，孩子身上的潜能如同宇宙，深不可测，远远超乎你的想象。

上天已经赋予每个孩子特殊才能，家长要做的是耐心等待。我从母亲那里学到，这种耐心才是做好家长最重要的因素。

为什么要一起笑呢?

因为它能迅速拉近人与人之间的距离，增强人与人之间的联系。

再次爱上这个世界

第五章

遇见未知的自己

☆ 如何保持心态年轻

我不仅注重饮食和生活习惯，对美容也很上心。我今年（2016年）年末的时候，还尝试了祛斑治疗。重视自己的容貌，让我感到自己变得更积极、主动，更愿意与人交往。

外貌显得很年轻确实重要，但是我看起来年轻，主要原因是我一直想活出一个崭新的自我。

与过去的那个自己说再见，不要轻易说"我就是这样做事的"或者"我就是这样的性格"；相反，不设限地去尝试，每天才能发现新的自己。

从日常小事到改变人生观这样的重大决定，你都可以改变自己，尤其是生活中遇到困难或生病的时候，我们会更容易发现新的自己。

人如果从未遭遇困难，也就没有机会警醒过来。

活到105岁算是很长寿了，但我幼年时却体弱多病。我得过不少疾病，比如肺结核、肾炎等，现在心脏也不好，无法随心所欲做自己想做的事情，可正是这些疾病，教会我很多道理。

也许有些不可思议，但人类只有身陷痛苦或者身处逆境时，才能明白自己内心最想要的是什么。

感谢疾病和逆境，给我们机会发现未知的自己，把过去的那个自己忘掉吧。时刻保持一种"Keep on going"的状态。

这句话也是我最喜欢的，是我永葆青春的秘诀。

只要迈出第一步，景色就会变好。

行动起来，打消顾虑。

☆ 医疗科技发展与医生的角色

正因为科学技术的不断进步，我们看到了原本根本不可能看到的事物。也许有一天，在科技的帮助下，直接在心上安装对话屏幕，双方马上一目了然彼此的想法。一想到这些，我就感到兴奋，希望自己将来有机会见证这样的发展成果。

但无论未来科技如何发展，医生的行医本质不会改变，即感同身受地对待患者。医生应当先想一下"如果这个病人是我的家人，我会如何做"，然后再对病人进行治疗。不仅医生需要这样做，所有医务人员，包括护士、医院的其他办事人员甚至志愿者都要这样做。

要经常反省自己：我的行为是否以爱为出发点。这个时代机械化程度越高，就越需要我们重视爱。

☆ 为什么生活里缺少感动

　　顺便说一下，我现在开始学画画了，这令我非常愉悦。

　　如果想画一束鲜花，那么我们必须先从各个角度观察它，发现它的最美之处。倘若发现阳光下的鲜花最美，那我就力争刻画表现这点。如果能把这个最美的特点表现出来，周围的人一定会对画赞不绝口，让我获得极大的成就感。

　　开始挑战一项新事物时，我们会心跳加速，内心会感觉无比充实。因此，我喜欢挑战新事物，追逐这种生命律动带来的感动。

　　人老之后，空闲时间比较多，可以培养自己的爱好以打发时间，但是也没必要把自己的时间安排得过分紧张。开始新事物的好处是，无论哪个年龄阶段都能发现那个未知的自己。这会极大地激发自己。

比如我画画时一直在思索，如何构思画面，更好地表现不同事物的特征。因此，对我而言，画画的过程不只是单纯地画，而是带着不同的想法去创作，这样就能有更多机会发现未知的自己。

结交新朋友、尝试新的爱好本身就是一件有意义的事情，至于兴趣爱好要发展到什么程度或考到什么等级，这些并没有什么实质性意义。日常散步，我们可以故意选择不同路线，或者抽时间参观很久没有光顾的美术馆。从小事开始尝试，从中你一定会有很多新发现。

我最近更深刻地觉得，我们的问题不是出在身体的"运动不足"，而是心灵的"感动不足"。所以，想和你分享体会到的感动，一起让心脏活跃起来。

不畏惧变化，
未知，就是可能的变化，
期待遇见那个变化着的自己。

☆ 如何与人亲近

回想年轻时，很多时候，由于经验缺乏，我们与上级或长辈很少有放松谈话的时候。

我已经 105 岁了，你们大多数人都比我年轻。我一直很小心，特别是在演讲的时候，不想让人觉得我是一个自以为了不起的人。

如何让人感觉亲近，我想向你推荐的是——幽默，因为它能让人一起笑起来。

为什么要一起笑呢？因为它能迅速拉近人与人之间的距离，增强人与人之间的联系。

谈起幽默，我想再提一下"淀号"劫机事件。当时，经过四天监禁，我知道要被解救了。

因为已经从漫长而紧张的状态中解脱出来，我开始感到安心。这种紧张状态是从劫机者宣布"这架飞机被劫持了"开始的，这是日本历史上第一起劫机事件，也许那时大家是第一次听说"劫持"这个词，一位乘客居然问劫机者："我想知道，劫持是什么意思？"

没想到，劫机者被问得哑口无言，回答不出来。我对劫机者说："作为劫机犯，连劫持都不知道是什么意思，这样好吗？"惹得乘客大笑起来，而劫机者也忍不住和我们一起笑了。

那个瞬间，空气中不知不觉开始出现一丝缓和气氛。后来我们被解救，飞机降落时，很多乘客对劫机者说"今后请加油吧"。

这次经历使我强烈地感受到，无论什么时候都要有幽默感。一起大笑能消除人们之间的隔阂，把大家更紧密地联系在一起。

真希望我们能一直笑声不断。

展现自我的过程，
无论如何限定内容，
结果一定因人而异。

☆ "伟人"是什么样的

这样的人会为了大家，把自己拥有的一切全部无私地奉献出来。

当我们得到金钱、地位、名誉、名车和宝石这类身外之物时，会自然而然产生一种幸福感和满足感，所以我们常常为了得到这些而拼命努力，而当我们失去这些时，感觉一切都丧失了。

为追逐这些而活是悲哀的。

世上的确有很多看得到的所谓的好东西，但也有很多更宝贵的东西是用眼睛看不到的。

其实这些看不到的东西，才真正地丰富了我们的生命，让我们体会到什么是幸福。有一首歌曲名为《奇异恩典》，也叫《天赐恩宠》，其中有一段歌词是这样的：

昔我迷失，今归正途。

曾经盲目，重又得见。

歌词里描述的人，并不是因为眼睛看不见而迷失生命，而是由于内心盲目，因此无法发现生命中最宝贵的东西。身体健康的时候不懂得感恩珍惜，不好好休息和吃饭，很容易脱离健康的轨道。从古至今，很多人就是喜欢我行我素吧。

伟人会珍惜自己的生命，拥有感恩之心，愿意把自己的时间奉献给他人，"时间就是金钱"，这就等同于把金钱花费在别人身上。我认为，能为别人花时间的人就是伟人。

不要只想着获取更多，而应该考虑如何利用好已经拥有的东西。

伟大就是这样去做，这样做的人生注定是福泽深厚的。

只有心怀目标，才能生发希望，
无所事事的人注定没有未来。

☆ 关于终生工作

现在我身患疾病，虽然每天坚持去圣路加国际医院，但却无法为患者提供治疗，也不能像以前那样在全国各地飞来飞去作演讲。

这一定与你脑子里想象的终生工作不是一个概念。可是，我却仍认为自己一直在工作。

那么，这里说的工作究竟是什么意思呢？

有一个词叫"lifework"（终生事业），这个词前半部分 life 指的是生命，后半部分 work 是工作、事业，这个词完美地诠释了我的理念，即生命和工作是一个概念。

它的意思不是说在工作场所我们的生活得到了什么样的待遇，而是指我们活着为社会做了多少贡献。也就是说，一生中有多少时间献给了他人，这才是工作的意义。

也可以用"使命"来代替"工作"这个词。

工作或使命可以是为了某个特定的人、社会，或者未来，只要有利他主义精神，那么对一个人来说，工作就是没有止境的。

如果从这个角度去考虑，我即使现在坐着轮椅生活，也坚信自己可以做些力所能及的工作。

如果我们能坚持使命，那么只要生命还在，我们就可以一直工作。这就是理想的终生工作的样子。

奋斗不会百分百成功，

用平常心对待结果，

但是要彻底检讨每一次失败。

☆ 接下来的目标

　　每天切身感受着上天对我生命的恩典，放眼未来，寻求新目标，为了他人，把自己所余时间全部奉献出来。

　　在奉献的过程中，不断探索未知的自己，不断发现新的自我，并坚持到生命最后一刻。

　　为了这个目标，人注定会遇到很多困难。但是困难越大，越会发现那个了不起的自己。所以，要坚持克服困难，奉献一生。

　　我相信与苦难相比，得到的喜悦更多。你所要做的仅仅是坚持自我，保持现状，Keep on going！

活

口

好

2017 年 7 月 18 日上午 6 点 30 分左右，日野原重明先生以 105 岁零 10 个月的高龄，结束了他在人世间漫长的旅途，开始了新的天堂之旅。

当天得到通知后，我立刻从出差地山口县赶回东京，亲自去了先生家跟他做最后的告别。

"在这个世上，还能再见到如此清澈透明的人吗……"

先生的皮肤像清澈的圣水一样滑嫩，我甚至有种他还活着的错觉，所以几次想凑到他脸前以确认他是否还有呼吸。

这本书，为了如先生所希望的那样，以"对话形式展现"，从 2016 年 12 月 29 日开始，中间除了元旦休息日以外，一直到 1 月 31 日，以先生每天在自己家中的客厅里接受采访的形式创作出来。

为了最大限度、忠实地再现先生说的"话"，每章用特殊格式展现出来的语句，都是先生为准备将来演讲所做的笔记，或者是想对患者说的话。生前，先生在笔记本上或者文档资料里随手记录了这些话，出版时，我们把这部分设计得就像先生自己亲笔写下来的一样。

采访期间，先生因在家中摔倒导致肋骨骨裂，因此取消了其他所有的工作计划。可是他强烈希望坚持做完这个采访，在恢复期先生一边忍受着病痛，一边坚持躺在床上与我们对话。

平时采访中，我们绝对不可能从先生嘴巴里听到一句"我累了"之类的话，即使偶尔对家人吐露出一句"疼，疼……"，先生依然尽力保持坚强、声音嘹亮地与我们对话。现在回想起来，他一定是感觉到这本书会成为他最后留下来的作品，也可以说这本书是他"用尽生命"来完成的。

好像已经为自己的一生画上了句号，先生在结束采访后，身体情况突然恶化，3月就住进了圣路加国际医院。他一开始以为住院是为了做个简单的检查，主治医生却出乎意料地通知家人结果不容乐观。

由于严重肺炎，他已经不能通过口腔进食，只能通过鼻饲获取营养，或者接受胃造瘘手术维持生命。

这就是一般所说的延命治疗。如果拒绝这样的治疗，生命最短持续两天，最长也就只有一个星期的时间。

家人非常苦恼，不知道是否应该将结果告诉先生本人。

为了让先生自己选择，院长决定亲自跟他说明病情。

我到病房去探视先生。先生看到我的时候，出乎意料地，用尽全力对我说了一句"请一起祈祷吧"。其实先生已经气若游丝，但他没有"接受死亡"，而是极度"渴望活着"，看到他那时的样子，我的心都碎了。

第二天，先生拒绝了胃造瘘和鼻腔插管，坚持回到自己家中。这些是我从日野原真纪夫人（先生二儿子的爱人，她比这世上任何人都爱戴先生，并一直悉心照料他）那里听说的。听到这个消息的时候，我才明白"啊……先生原来早已经做好了死的准备，所以拒绝了医学上的延命治疗，决定回到家中迎接那个时刻的来临……"一想到这里，我的眼泪就止不住流下来。

其实在最后时刻，我也没有完全理解这个人——日野原重明先生真正的想法。

回到自己家中的日野原先生，在真纪夫人的悉心照料下，突然开始变得像孩子一样"任性"。会要求"从装了冰块的大玻璃杯里倒水给我喝"。冰水会导致肺炎恶化，医生不允许他喝，真纪夫人只好对先生说"医生说这样不行"，可是先生却坚持"我就是医生"，发号施令、不肯让步。

就这样，奇迹接连出现，先生几次度过医生口中所说的"还能活几天""今晚估计扛不过去了"的危险期，5月居然决定"不要取消从7月开始的工作预定"，先生不可思议地恢复了活力。

到现在，我终于意识到先生当初拒绝延命治疗，不是因为对死亡做好了准备，而是为了活下去，而是想再一次地挑战生命啊。如果不是这样，怎么会有后来连医生都百思不得其解的康复呢。6月，真纪夫人甚至对医生说，"接下来的照顾会是长期的。"

最后只能说是一种奇迹。最觉得不可思议的人估计就是医生们了吧。

在家中恢复了健康的先生，全身散发出一种从未见过的平稳祥和的感觉。

"简直是奇迹，奇迹啊。我的一生，从未有过这么想说感谢的时候呢。"大病初愈后，在先生安详的脸上，我第一次发现，先生早已对死泰然处之。他接受了死亡，才能够"自我发现"，不是吗？

这样过了一个半月，家人们对先生的康复深信不疑，已经做好了长期照顾的准备，先生却对家人们留下感谢的话语，突然去世了。

最后，先生的脸上洋溢着满足感，他终于翻越过自己人生旅途中最后的一座大山。

像日野原先生说的，人生其实就是一场不可思议、了不起的相遇。一直在音乐道路上前行的我，与日野原先生的相遇，就是为了像这样接受重托，留下先生最后说过的话。

我就是书中详细提到的韩国男高音裴宰彻先生在日本的经纪人，与日野原先生的第一次相遇是在他 102 岁的那年秋天。

听了裴宰彻的演唱后，日野原先生突然从座位上站起来，感激地大喊："在我 102 岁不算短的人生里，这是第一次在歌声中感受到神的存在。"从那时起，我的人生开始与先生交会在一起，最后通过十多场全国巡回演出的"日野原重明制作·裴宰彻音乐会"，我们的相遇开花结果。

有幸多次听到先生令人难以置信的传奇故事，其中也有发生在我个人身上的特别经历。

2016 年 7 月 31 日，在东京歌剧城上演的那次音乐会上，一位尊贵的客人亲临现场。先生当时紧邻她的席位，坐在 2 楼正面最前面的中间位置。裴宰彻先生每次音乐会最后，都一定会演唱日野原先生作词作曲的《爱之歌》。那天也是被要求安可[1]后，作为最后曲目演出《爱之歌》。

日野原先生一直都站在舞台上，在演唱着的裴先生旁边指挥，这一天突然从自己的座位上站起来，在这位尊贵的女士身边，开始面向舞台上的裴宰彻指挥。

会场被感动的欢呼声所包围，深受感染的日野原先生指挥结束后，情不自禁地拥抱了这位尊贵的女士。这个场面让在场的所有人欢呼雀跃，简直美妙极了。

一定是因为感慨万分，演出结束后，先生一遍遍向我述说"我拥抱了她，忍不住拥抱了她"。与印象中的"大专家"完全不同，他激动得像个小学生。孩子一样的先生可爱极了，让我差点想喊他叫"重明小朋友"。

还有一次。

发生在大阪交响乐厅舞台侧面。音乐会前半场，

1. "安可"是"encore"的音译，意思是要求再唱。

——译者注

安排我上场跟先生对话，所以我们从后台走向舞台的侧面候场。这时候离上场只有一分钟时间了，我感觉像被系紧的领带勒住了脖子。

那天因为彩排中不断出现一些小状况，我多花了许多时间和精力去处理，马上就要上台，脑子里还是兵荒马乱的状态。我很少像那时这么紧张，完全没有想好该怎么把与先生宝贵的对话时间和内容同观众分享……

这时，我对着坐在轮椅上准备出场的先生问道："先生，您紧张过吗？"我六神无主地向总是淡定从容的先生寻求帮助。

先生那时一定察觉到了我的慌张。看到我呼吸急促，先生一边微笑着一边说："既来之，则安之。"

那一瞬间，我一下子觉得全身放松了下来。站在舞台上，我找回自己正常的状态，就像孙辈那样自在地跟先生攀谈起来。

我 52 岁的那年，先生是 104 岁。那年春天我正好度过了先生一半的人生。

先生因为长期坐在轮椅上，驼背很严重，身体看起来缩小了很多，而我眼中所看到的，却是一位比我更坚强的男子汉。在昏暗的舞台边上，那个在柔光中眯着眼微笑的身影让我永世难以忘怀。

"人类是弱小的。"

"我也害怕死亡。"

"因为最难搞懂的就是自己，所以需要花上一辈子的时间去寻找。"

通过对话式的交流，先生为我们留下了他最后想说的话。

希望对捧着这本书的"你"来说，这些话能成为你好好活下去的力量来源。

这才是，一直把"语言"当作自己105年人生拐杖的、伟大的那个人最期待的事情。

先生离开人世已经一个月了。

在那边，他也一样在忙碌地工作吗？

正如先生所说的那样，先生去世后，先生的样子还是日复一日，比以往更鲜明地出现在我的脑海中。

先生，真想再见您一面啊……

在天堂，我们一定能再见到吧。

那时候，请也与我拥抱吧。

给予了我们太多太多的幸福，

教会我们言语的力量，

谢谢您，

相信我们一定会再见面的。

先生，

让我暂时对您说一声……

再见了。

轮屿东太郎

活

临终告白

好

今天是我与大家对话的最后一天。

我感谢今天的到来。
这种感谢的程度，与以往完全不同，
今天没有那种"活着真是太好了……"的想法。

感谢身染沉疴，
一直与顽疾搏斗，
十分感激终于能够熬到今天。
多亏了生病，才有如此体悟。

这次真是病得不轻，
前所未有的病痛，
带来的亲情和感激，
铭感五内，永世难忘。

痛苦和喜悦，
交汇涌现……
苦难越大，
感激越深。

无限深重的感激，

让我重生。

想到重生，

对我来说就是一次伟大的自我发现，

我感受到这种能够超越痛苦的动力，

这就是很大的自我发现。

因为痛苦，

才第一次有这样切身的感受。

悲欣交集……

今天能与大家在一起，

是因为我遭受着痛苦……

由这遭逢的痛苦，

我却受益了。

无法想象，

不是长久地活着，

怎么能有如此铭感五内的感谢，

言语无法表达万一。

苦难虽然接踵而至，

依然保持感谢，

这样做的困难非同寻常。

尽管如此，还是应该感谢。

我这里说"尽管这样，还是应该感谢"，
在我的一生中，
"还是应该感谢"这句话，
一直与"困难"相伴随行。
即使困难，
我依然要感谢。

"淀号"劫机事件时，
与妻子拥抱在一起，
两个人一起发誓，
从此不能再仅仅为自己而活，
要用余生回报他人。
彼时我们的心绪，
至今萦怀……
还将映照未来。

与大家，
敞开心扉地对话，
连绵不绝。
就用我们的双眸仰望，

湛蓝高远的晴空，
这已是人间至美。
我们必须对这样的美好心怀感谢……

不仅仅随口一说，
"得到这么多美好，太感谢了"，
而是要把这种被给予的欢喜，
想着怎么回报给大家。

现在强烈感到，
不要只是自己心中窃喜，
而是要想着，
如何让每个人都能心生欢喜，
要持续去实现人人幸福。

"啊，幸福真是太好了"，
不光只是自己这么想，
想与大家一起分享幸福的心情，
正悄悄地浮现出来……

昨之艰辛，
今有所报。

在今后的生活中，

怎么才能把感谢付诸行动？

在我心中，

静谧的喜悦正一点一点地产生。

这才是，

真正有意义的，

现在我的心满溢着，

这种感觉。

这种欢喜，

现在才感受到，

不靠他人外物，

是真正的欢喜……

这种欢喜，

绝非仅存于己的欢喜，

而是大家共有的，

成为分享欢喜的共同体，

我们合为一体由衷感到欢喜和感谢。

在成为共同体的喜悦之情中，

我们一定能发现真正的自己……

到现在，真是太艰辛了……

我与大家在一起，
静静地思索……
正因为身处一路艰辛中，
才获知此生真正的意义。

感谢，怎么用语言具体表现出来呢……
加倍努力地去思索，
拄着拐杖蹒跚而行，
就像四国 88 所遍路之旅[1]一样，
这样的感觉，
就像开始新旅途一样……

1. 距今 1 200 年前，日本空海大师为了消除世人的灾厄而遍游四国各地布教并开创了 88 所寺院，也称灵场。遍游这 88 所灵场的旅程被称为四国 88 所遍路之旅。

——译者注

漫长的人生旅途，
我，现在又，
不得不出发了。

那时候"感谢的语言"成为我的拐杖，
感谢就是我的标记。

然后在这场旅途中，
一定会有无法想象到的苦难，
一定会有。
但是，刚开始虽然苦难重重，
这场旅途一定会有收获吧，
深深地对此表示感谢。

现在的我，
感觉到要开始新的旅途了，
说不尽的感激之情，
说不尽的欢喜之情充溢心中，
慢慢地、蹒跚着，
怀着还想再继续述说的心情，
开始我像修行一样的旅程。

带着最大的谢意，

再多走几步……

应该感谢这些吧，

从未有过这样的感激之情……

我漫长的人生虽然要结束了，

此生如何完成，

来生如何继续，

你们的人生，

如何承启……

我修行的心，因此变得沉静，

在大家面前，想把我的话继续说下去。

我跟大家在一起经历，

同样的旅途，

因为同道才会聚首；

因缘这场修行，

我们会遇到真正的朋友，

我想全力以赴相识相知、一路前行。

我多么感谢这样的因缘际会啊……

现在我与大家聚在一起……

欢喜远远地超过了痛苦。

威廉·史密斯·克拉克[1]先生说"少年要胸怀大志",

给北海道遗赠这句名言,

我所留下的是"Keep on going"。

这句"话语",

想和年轻人一起、大家一起喊起来,

大家同心同行,

满怀感谢的心情 Keep on going。

勇往直前,

永不回头。

1. 威廉·史密斯·克拉克（William Smith Clark，1826—1886），通称克拉克博士，美国教育家、美国陆军退役上校，是日本北海道札幌农学校的首任校长。克拉克博士最为人所知的名言是"Boys, be ambitious!"（即"少年要胸怀大志"），至今亦是北海道大学的校训。

——译者注

带着喜悦和感谢勇往直前，

永不放弃。

我也想，

人生之旅与大家一路相随，

继续走下去。

我一再表述，

内心深处的这种感受，

我觉得这是最宝贵的。

我最喜欢的话语是，

"encounter"（相遇）。

这一生与你相遇……

带着你的想法。

也带着我的想法。

让我们，

继续这场旅程。

走吧，

Keep on going。

于东京玉川田园调布家中客厅

2017 年 1 月 31 日

清风拂过满庭芳，细言漫语诉衷肠，

得见此景唯言谢，悄然归去又何妨？

2017 年 5 月 12 日

活

好

本书是通过为期一个月的每日采访素材整理制作出来的。

1月31日是采访的最后一天，日野原重明先生一个人坚持说了30多分钟。

他，就像一边在现实世界和天堂之间来往，一边兀自说着。当时那种不可思议的氛围，让我们都不由感到紧张，屏住呼吸仔细聆听。

先生从头到尾始终是一个人在说，中途有时候他会闭上眼睛，就像意识模糊一般地说着，所以不能连成一篇完整的文章。

但是，那些像诗一样的话语，我们需要花上一生的时间反复阅读，反复感受其中的意义……

因为这样的考虑，所以作为本书最后的结束语，我们想把日野原重明先生对我们所说的话，几乎没有任何加工地、全部再现给大家。

参考文献

1.［法］圣埃克苏佩里著.小王子.［日］内藤濯译.日本：岩波书店.

2.［法］圣埃克苏佩里著.小王子.［日］河野万里子译.日本：新潮社.

3.［日］宫泽贤治著.大提琴手高修.日本：福音馆书店.

4.［日］稻盛和夫著.活法.日本：Sunmark 出版社.

5.［加］威廉·奥斯勒著.生活之道.［日］日野原重明，仁木久慧译.日本：医院书院.

6.［日］日野原重明诗.いわさきちひろ图.不报复吧.日本：朝日新闻出版.

7.［日］日野原重明著.我曾是个顽固的孩子.日本：Halmek 出版社.